课本里学不到的

疯狂科学实验

探索与发现

段伟文　主编

中国科学技术出版社

·北　京·

图书在版编目(CIP)数据

课本里学不到的疯狂科学实验. 探索与发现 / 段伟
文主编. –– 北京：中国科学技术出版社，2022.10
ISBN 978–7–5046–9800–1

Ⅰ.①课… Ⅱ.①段… Ⅲ.①科学实验—青少年读物
Ⅳ.①N33–49

中国版本图书馆CIP数据核字（2022）第164764号

前言

　　科学素质是公民素质的重要组成部分，也是少年儿童成长为合格公民的必备素质。科学素质的基础是了解必要的科学技术知识，掌握基本的科学方法，树立科学思想，崇尚科学精神。科学素质的培养要从娃娃抓起，为了成长为建设创新型国家的主力军，广大少年儿童不仅要掌握必要的和基本的科学知识与技能，还要积极开展各种生动有趣的科学实验，从中体验科学探究活动的过程，培养良好的科学态度、情感与价值观，将自己造就为具有创新意识、探究兴趣和实践能力的有用之才。

　　科学探究的动力来自人们对自然界与生俱来的好奇心。边缘长满小齿的草叶让鲁班发明了锯，头顶上的浩瀚星空使托勒密和哥白尼想到了宇宙体系，对教堂里吊灯微微摆动的关注使伽利略发现了单摆的等时性，对苹果落地的好奇让牛顿找到了万有引力，对孵小鸡都感到新奇的好奇心让爱迪生给人类带来了电灯、留声机等数以千计的发明。利用自然的力量造福人类的理想，为我们带来了日新月异的科技文明。作为现代文明标志的电话、电视、汽车、计算机，无一不是科技的力量与人类的目标相结合的产物；绿色能源、深海潜水、载人航天的成功，无一不是创新与人类的需要相互激荡的结果。

　　科学并不神秘，更没有什么代表科学力量的"魔法石"，科学的本质在于好奇心和造福人类的理想驱使下的探索和创新。大自然喜欢隐藏她的奥秘，往往不直接回应我们的追问，但只要善于思考、勤于动手、大胆假设、小心求证，每个人都能像科学大师一样——用永无止境的探索创新来开创人类的文明。

　　小朋友，快快翻开这套书，用你们与生俱来的好奇心和造福人类的纯真理想开创一条探索创新之路吧！

目 录

光与电的传奇

　　19世纪初，德国的哲学家谢林等人认为宇宙充满了活力，不是静止和僵死的，而电就是宇宙的灵魂，并且电、磁、光、热是相互联系的。这种在哲学上并不完善的论点深深地吸引了丹麦科学家奥斯特。1820年4月，他在一次课堂实验上把一根细铂导线放在用玻璃罩罩着的小磁针上方。接通电源的瞬间，他发现小磁针动了一下，他激动得从讲台上摔了下来。奥斯特发现了电流磁效应，成为世界上把电学和磁学结合在一起的第一人。

本杰明·富兰克林

　　继奥斯特之后，英国物理学家法拉第又提出了具有巨大影响力的"以磁生电"的设想，并通过不懈的努力证实了这一设想，奠定了电磁学的基础。英国科学家麦克斯韦有着天才般的数学能力，他在法拉第有关电磁的实验基础上深入研究了电和磁的奥秘，用无形的电磁场和电磁波解释了所有的电磁现象。1864年，麦克斯韦在《电磁场的动力学理论》中大胆提出：光是电磁波的一种形态，并完成了电、磁、光三大领域的大综合。对此，爱因斯坦这样评价："这是牛顿时代以来物理学上最重要的事件。"有了电磁波理论，现代电子通信、计算机、网络等技术相继出现，使人类的生活自20世纪以来发生了天翻地覆的变化。

如今，在光导纤维、通信卫星、人工智能组成的世界里，光电传奇还在延续。未来，期待着同学们用新时代的大手笔去续写更为激动人心的篇章。

人工智能世界

想一想

① 奥斯特发现了什么？

② 光是电磁波的一种吗？

微小世界的奥秘

中国战国时期的哲学家庄子曾说：一尺（约为0.33米）长的木棍，用刀斧每天截去它的一半，那么这根木棍永远也截不完。另一位哲学家墨子则说过：物质不断从中间分割，直到无法再分，这就是"端"——组成物质的最小微粒。

古时候，人们用刀斧是无法证明孰是孰非的。而到了拥有各种精密分割工具和各种高能粒子加速器的今天，科学家仍然没有充分的把握找到这种"端"。

人们曾经认为原子是组成物质的最小微粒，无法再分。可是19世纪末，英国物理学家汤姆逊发现气体在被X射线照射后会变成导体。他猜想气体原子可能由带负电和带正电的两部分组成，后来他发现带负电的就是原子中的电子——原子可分了！汤姆逊由此提出了原子的"西瓜"模型：原子是一个实心球，电子正是当中的"西瓜子"。

原子的结构

然而，他的学生卢瑟福在用 α 粒子轰击金箔时，发现原子绝大部分是空的。当中只有一个带正电的、比电子重得多的核——原子核。原子核外是电子飞舞的天地，原子就像一个微小的"太阳系"！不久，他指出原子核中存在带正电的质子。30多年后，科学家又发现了原子核中大小与质子差不多但不带电的中子。从此，人们对原子的结构有了基本的认识：带正电的质子和不带电的中子构成了原子核，电子围绕原子核在核外轨道上运行，质子的正电荷和电子的负电荷相抵消，所以整个原子对外就像没有电荷一样。

人们似乎找到了不可再分的粒子，并将质子、中子等称为基本粒子。但"好景"不长，当人们用大型加速器中跑出的高速粒子来轰击质子、中子等"基本粒子"时，发现可能存在比质子和中子更小的夸克。

目前，科学家已经开始了对夸克等微观粒子的研究。为了回答我们前面说的那个古老的问题，探索微小世界的奥秘，他们正在不懈地努力着。

想一想

① 简述原子的结构。

② 质子和中子不可再分了吗？

$\sqrt{2}$ 的传奇

提起数，同学们就会想到数数。上幼儿园的时候，老师一定问过你"黑板上画了几个苹果、几个梨"之类的问题。我们慢慢地认识到，可以通过数数知道东西的多少。天上的星星可以一个一个地数，妈妈从厨房端出的包子也可以一个一个地数。那么，是不是无论什么都可以一个一个地数呢？让我们回到2500多年前去看一看吧。

毕达哥拉斯

在古希腊，有一群热爱数学的人，人们称他们为"毕达哥拉斯学派"。他们认为，不仅万事万物都包含了数，而且万事万物的本质就是数。因此他们十分重视数学研究。他们的领袖叫毕达哥拉斯——西方最早发现勾股定理的人。传说在证明了

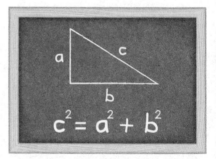

勾股定理

勾股定理后，毕达哥拉斯欣喜若狂，认为这是神在帮助他，就特意宰了100头牲畜来祭祀掌管文艺和科学的女神缪斯。毕达哥拉斯学派有很多数学发现。他们曾发现了一类数等于除它本身以外的所有因子的和，如 $6=1+2+3$，$28=1+2+4+7+14$，等等，他们将这类数称为完全数。

对于我们刚才所提的那个问题，毕达哥拉斯学派认为，所有的东西都是一个一个地数的。以长度为例，毕达哥拉斯学派相信，只要我们用刻度尺，就可以准确地量出课本、书桌等所有东西的长度，当然，所用

的单位可能非常小，比如1米的万分之一。也就是说，所有东西的长度都能用一个单位很小的整数来表示，可以一个小长度单位、一个小长度单位地数。

以"毕达哥拉斯定理"为主题的邮票（1）

果真如此吗？不久，毕达哥拉斯学派发现，正方形的对角线（两个不相邻顶点的连线）的长度，就无法用刻度尺准确地测量。由于以这个对角线为边长的正方形的面积是前面那个正方形的面积的2倍，他们只好假定前面那个正方形的边长为1，用 $\sqrt{2}$ 来表示现在正方形边长的长度。

$\sqrt{2}$ 这个奇怪的数一出现，毕达哥拉斯学派就犯糊涂了："数，居然不能数，那还叫什么数？"他们认为，可以数得清的数是有理数，而把像 $\sqrt{2}$ 这样的数叫作无理数。人们将这件事称为"第一次数学危机"。直到后来人们才

以"毕达哥拉斯定理"为主题的邮票（2）

认识到，数是连续变化的，有的数得清，有的数不清，无理数也是有道理的，有理数和无理数合在一起，就构成了实数的大家庭。

想一想

① 什么是完全数?

② 为什么毕达哥拉斯学派将$\sqrt{2}$叫作无理数?

勾股定理和秦九韶公式

在明朝以前，中国的数学水平一直处于世界领先地位，曾经涌现出如祖冲之、刘徽、秦九韶等许多著名的数学家，以及《周髀算经》《九章算术》等一系列重要的数学著作。

《周髀算经》大约出现在公元前1世纪，是中国古代

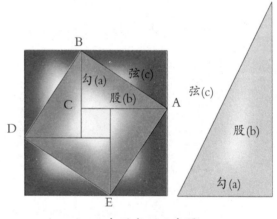

勾股定理示意图

的一本数学书。书中说，如果一个直角三角形中两个直角边的边长分别是3和4，它的斜边边长就是5。这就是勾股定理（直角三角形两个直角边的平方和等于斜边的平方），它的出现比古希腊的同一内容的毕达哥拉斯定理早500多年。在《周髀算经》和西汉初期成书的《九章算术》中，有很多利用勾股定理和相似三角形进行测量的实例。

到了宋朝和元朝，我国数学进入鼎盛时期。特别是在解高次方程等领域取得了很多杰出的成就。其中，南宋数学家秦九韶提出了高次方

程的数值解法，还独立发现了一个用三角形三边表示三角形面积的公式——九韶公式。在我国数学家取得辉煌成就的时候，西方正处于中世纪宗教统治的黑暗时期。

后来，由于封建统治者长期推行闭关锁国的政策，我国的数学在明朝以后开始走下坡路。如今，随着我国的综合国力不断提升，在各个领域也开始崭露头角，其中就包括数学领域，出现了许多著名的数学家。我国在数学领域有望崛起。

想一想

1 勾股定理最先出现在哪本书中？

2 秦九韶是哪个朝代的数学家？

祖冲之的贡献

同学们都知道，圆的周长和直径的比是一个常数，它与直径的大小无关，我们把这个常数称为圆周率。圆周率是一个无理数，它的符号是 π ，你知道它的数值是多少吗？也许你会说："在3.1415926与3.1415927之间，这我早就知道了。" 但你知道圆周率的值是怎样计算出来的吗？

中国第一个找到圆周率计算方法的人是魏晋时期的数学家刘徽。他利用圆的内接正多边形的面积接近于圆的面积的方法，计算出了圆周率为3.1415和3.1416这两个近似数值，将 π 精确到小数点后第二位。

对计算圆周率贡献最大的，是中国南北朝时期的数学家祖冲之。他将 π 精确到了小数点后第七位，领先于世界达千年之久。由于祖冲之的著作已经失传，他所用的计算方法也就成了千古之谜。一般的猜测是他采用了刘徽的割圆术。若果真如此，那他就得计算出圆内接正12288边形和正24576边形的面积。当时，阿拉伯数字尚未出现，祖冲之只能摆弄一根根小棍做的筹算来计算如此巨大的数据，这需要多么顽强的毅力啊！

以"祖冲之"为主题的邮票

为了应用方便，祖冲之还给出了圆周率的两个分数值：355/113和22/7，分别称为"密率"和"约率"。后来，人们证明在所有分母不超过113的分数中，祖冲之找到的355/113是 π 的近似值中最好的一个。而且这个分数也很容易记忆，你发现其中的诀窍了吗？还是让我来告诉你吧，如果把这个分数的分母、分子排列起来就是113355，恰好是三个最小的单数重复依次排列在一起。是不是很好记呢？

以"圆周率"为主题的邮票

想一想

1 祖冲之将 π 精确到了小数点后第几位？

2 我们应该学习祖冲之的什么精神？

数学王冠上的明珠

1742年，德国数学家哥德巴赫在给欧拉的一封信中提出：是否每一个大于或等于4的偶数都能表示成两个质数的和？例如，12=5+7，32=19+13。欧拉回信说：虽然我不能证明它，但我确信它是一个完全正确的定理。这就是著名的哥德巴赫猜想的来历。

这个人人都能理解的猜想吸引了一代又一代的数学家去证明它。但是，200多年过去了，猜想仍然没有被证明。因此，数学家将它称为数学王冠上的明珠。20世纪初，德国数学家希尔伯特提出了23个著名的数学问题，哥德巴赫猜想是其中的第八个。

在整个20世纪，数学家们为摘取这颗数学王冠上的明珠进行了艰难而又极富成果的探索。1918年，解析数论的建立为解决这个问题提供了新的方法。20世纪20年代以后，世界各地学者运用改进的筛法打破了哥德巴赫猜想研究长期停滞不前的局面。20世纪30年代，数学家证明了"一个大于或等于4的偶数可以表示成两个数的和，这两个数的质因数都不超过六个"，简记为"6+6"。

真正重大的突破，是20世纪50年代中国学者的发现。中国数学家华罗庚、王元、潘承洞和陈景润都为此做出了贡献。尤其是1957年，王元成功地将欧洲和美国学者提出的各种筛法综合起来，证明了"3+4"和"2+3"，使中国第一次在哥德巴赫猜

解析数学

想研究领域取得世界领先地位。1966年，陈景润经过长期艰苦拼搏，终于集大成地证明了"1+2"，国际上称之为"陈氏定理"，此结果至今仍无人超越。换句话说，人们还未能完全摘取这颗数学王冠上的明珠。

想一想

1 什么是哥德巴赫猜想？

2 王元用的是什么方法？

显微镜下的世界

面包暴露在空气中没几天就会发霉，苹果放久了也会腐烂。这些究竟是为什么呢？原因就是：有一个我们看不见的生命世界，这个世界就是"微生物世界"。当我们取一些腐烂的苹果放到显微镜下观察时，所看见的情景会使我们大吃一

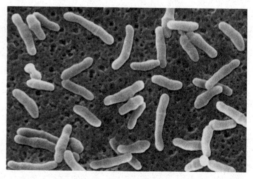

显微镜下的微生物（1）

惊。在显微镜下，我们可以看见各种各样的细菌，形态千奇百怪。细菌有圆形的，叫球菌；有杆状的，叫杆菌；还有螺旋形的，叫螺旋菌；有的细菌表面有长长的毛；有的细菌还4个或8个叠在一起……

自人类出现，就开始与微生物打交道了。例如，酵母菌被用来制作面包，乳酸菌被用来制作酸奶，同时人类也在不断地与许多导致疾病的

细菌做斗争。不过，人类在借助显微镜看到微生物之前还不知道它们的存在。而且直到今天，我们知道的微生物可能还只是地球上微生物的一小部分。但是，即使是这一小部分，我们也不能不为微生物世界的丰富多彩而感到惊叹。

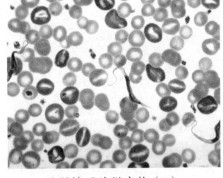

显微镜下的微生物（2）

微生物在地球上几乎无处不在。从离地球8万米的高空到深达1万多米的海底，从寸草不生的沙漠到枝繁叶茂的热带雨林，从火山边上的温泉到南极、北极，都有微生物的身影。一些我们平常所认为的不毛之地，实际上并不是没有生命，有许多微生物都顽强地生活在那里，因为它们具有一般高等生物不具备的生存能力。

迄今为止，人类知道的最小的微生物是病毒，一般来说，细菌普遍比病毒大。有很多病毒像细菌一样可以引起人或其他动物的疾病，例如乙型肝炎病毒、艾滋病病毒等。还有一类病毒专门杀死细菌，叫作噬菌体。

真是一个奇妙的微生物世界！

想一想

① 显微镜下观察到的细菌都有哪些形态？

② 世界上最小的微生物是什么？

达尔文的远航

1809年2月12日，达尔文出生在英国的一个医生世家。16岁时，他就被父亲送到爱丁堡大学学医。但他对医学实在不感兴趣，而是喜欢到海边收集海生动植物标本。大学毕业后，父亲见他在医学上毫无作为，只好又送他到剑桥大学学习神学。但他仍然对大自然念念不忘。在这段时光里，他结识了对他一生影响最大的一个人——亨斯洛教授。

达尔文 1809—1882年

达尔文

在亨斯洛的指导下，达尔文掌握了大量的生物学知识。

1831年12月27日，经亨斯洛的推荐，达尔文登上了英国军舰"贝格尔号"，开始了他的环球旅行。

这次漫长的旅行经过了佛得角群岛、南美洲、加拉帕戈斯群岛、塔西群岛、新西兰、澳大利亚、毛里求斯、南非等地。达尔文历尽辛苦，搜集到许多珍奇的动植物标本，挖掘了很多古生物化石，并记录了所观察到的现象。

"贝格尔号"军舰

他从南美大陆的地层中发现了一种古代巨大的哺乳动物化石的图形，它与现存的体型较小的犰狳非常相似；他还发现一些极其近似的动物物种，自北而南，呈现着一种逐次代替的现象。在加拉帕戈斯群岛，他发现大多数生物都具有南美生物的性状，而群岛中各个岛屿上的物种，彼此之间又有微小的差异。

为什么会有这些现象呢？达尔文把考察到的情况和随身携带的莱尔的《地质学原理》进行了细致的比较，得出了物种可变的想法。

一次，舰长进入舱房，发现达尔文养了很多相似的地雀，觉得很奇怪。达尔文告诉他："这些都是生活在加拉帕戈斯群岛上的地雀，尽管它们看上去相似，但实际上是不同的种类。你注意看它们嘴的形状，有的像蜡嘴雀的嘴那样宽宽的，有的像海雀的嘴那样中等宽度，还有的像知更鸟的嘴那样尖尖的。"达尔文认为，这些鸟的祖先都在南美大陆，它们有的乘风而来，有的随木头漂来。它们到了不同的岛上，各自生活。天长日久，由于环境不一样，模样就不一样了。听到这些，船长大吃一惊："难道你不相信万物都是上帝造的吗？"达尔文微微一笑："我更相信我的眼睛和脑子。"

1836年10月，环球考察结束了。经过5年对自然的深入观察和思考，达尔文的头脑里已充满了进化论的思想。不久，他就提出了进化论的假说：地球上成千上万种生物，不是上帝创造的，而是从低级到高级不断进化而来的。1859年，他出版了《物种起源》一书，进一步对他的进化论思想做了全面的总结。

想一想

1 船长相信达尔文的看法吗？

2 简述进化论假说。

从托勒密到牛顿

以"哥白尼和日心说"为主题的邮票

"月亮绕着地球转，地球绕着太阳转"，这个道理就连小学一年级的小孩子都知道！但是你知道吗？人类认识这一真理的过程却非常曲折艰难。

15世纪以前，人们根据直观感觉提出了各式各样的地心说，认为太阳、月亮，以至恒星都在绕着地球旋转。由于事实并非如此，各种地心说只好在坚持地球为中心的同时，给太阳、月亮和星星附加了许多稀奇古怪的运动。公元2世纪，希腊著名的天文学家托勒密提出的地心说向人们描绘了一个极为复杂的世界：地球是宇宙的中心，是静止不动的，而其他的星球都环绕着地球运行。

16世纪，波兰天文学家哥白尼为宇宙选了另一个中心——太阳，行星的运动一下子变得简单和谐——一起绕太阳转圈圈。著名的物理学家伽利略支持他的学说，结果遭到了宗教势力的终生迫害；意大利的哲学家、宇宙学家布鲁诺发展了哥白尼的"日心说"，提出宇宙无中心，残酷的宗教裁判所将他活活烧死在罗马的鲜花广场。但是黑暗终究挡不住黎明，不久之后，开普勒在大量的事实基础上得出了著名的"开普勒行星运动三大定律"，地心说被科学家丢进了历史的垃圾堆。

当运动被解释得简单和谐之后，其力学解释就成为可能。牛顿由一种叫流星球的玩具和砸到自己头上的苹果得到启发，用太阳和地球之间的引力解释了地球绕太阳转的原因。1687年，他在《自然哲学的数学原理》中提出了万有引力定律。从此，人们对天体运动的认识进入了一个崭新的时代。

以"布鲁诺和日心说"为主题的邮票

想一想

1. 什么是地心说？
2. 谁发现了万有引力？

对太阳系的追问

就像小朋友总会问"我从哪里来"一样，人类对这个世界的起源一直充满着好奇。中国神话告诉我们，盘古开天辟地；《圣经》里说，上帝在最初的六天造齐了日月星辰、人和世间万物。自从哥白尼提出日心说，牛顿发现了万有引力之后，太阳、星星和月亮就从神话世界里走了出来。人们再次发问："它们从哪里来？"

牛顿认为是宇宙中发光的物质依靠万有引力聚集在一起形成了太阳和其他恒星，而不发光的物质就形成了行星。可是为什么会有这种差别呢？牛顿百思不得其解，于是叹气道："这是上帝的旨意。"人们又一次回到了神话的襁褓之中。

以"拉普拉斯"为
主题的邮票

真正在这个问题上做出开创性工作的要数德国哲学家康德。1755年，他提出了太阳系起源的星云假说：太阳系的所有天体，是由原始星云通过万有引力作用而逐渐形成的。康德所说的原始星云是一团稀薄的固体微粒。1796年，法国数学家、天文学家拉普拉斯与康德不谋而合。他向人们展示了一幅壮丽辉煌的宇宙画卷：太阳系的所有天体是由一团灼热并且自转着的巨大气体星云形成的，后来冷却收缩变成扁平盘状，边缘部分先收缩成气体环，而中心部分收缩为太阳，各个气体环进一步凝聚就形成了地球、火星等行星和环绕它们的卫星。更可贵的是，拉普拉斯在他的学说中抛弃了"上帝"。当拿破仑问他为何从未提及造物主时，他干脆地答道："陛下，我不需要这种假设。"

康德-拉普拉斯星云假说在天文学上开创了一个新领域：天体演化学。这是自然观上一场划时代的革命。虽然假说中存在不少问题，但他们的思维方式直到今天还有着积极的指导意义。后世的人们也提出了许多太阳系起源的解释，但直到今天仍没有一个公认的说法。揭开太阳系起源之谜的重任也许有一天会落到现在的年轻人的肩膀之上。

想一想

① 牛顿认为太阳是怎样形成的？

② 简述拉普拉斯的星云假说。

汽水与橙汁：谁是牙齿最大的敌人？

　　我们研究的目的是搞清楚牙齿在汽水和橙汁等不同溶液中被腐蚀的情况。

　　我的猜测是：橙汁对牙齿的腐蚀最快。

饮料喝得太多了。

实验方法

通过对照实验，研究牙齿在牛奶、橙汁、汽水（碳酸饮料）和水等不同溶液中被腐蚀的情况。

实验材料

1. 四颗表面完好、大小相同的牙齿（可以从兽医那里要来些狗牙）
2. 铅笔
3. 纸（用来记录）
4. 玻璃器皿
5. 橡胶手套
6. 酒精灯
7. 旧牙刷
8. 漂白剂
9. 小水桶
10. 四个相同的带盖的小容器
11. 30 毫升的烧杯
12. 分别写有 1、2、3、4 的四张纸
13. 冰箱
14. 水
15. 牛奶
16. 橙汁
17. 汽水（碳酸饮料）

实验提示

1. 容器大小要相同，每个容器内的溶液体积要相同。
2. 将盛有溶液的容器放在同一个冰箱内。
3. 每过一个星期，把容器内的溶液倒掉，换上等量的同种溶液（建议用量为 30 毫升）。

注：使用酒精灯时需家长在场辅助。

· 实验程序 ·

1 准备好实验所需的材料。

2 将牙齿泡在漂白剂中两分钟，以清洁牙齿。

3 用旧牙刷把实验用的牙齿刷干净（注意在操作过程中要戴上橡胶手套）。

4 将容器和容器盖一起放入水中煮沸，杀菌，然后晾干。

5 将编了号的四张纸贴在四个容器上，分别把四颗牙齿放进去。

6 每个容器里分别加入四种液体各30毫升。一号容器加入水，二号容器加入牛奶，三号容器加入橙汁，四号容器加入汽水。

7 盖上盖子，不要让杯子里的空气漏出来。

8 把这些容器放在冰箱冷藏室里(不要放在冷冻室里，因为冷冻室温度太低，溶液会结冰，实验就无法做下去了)。

9 每过一个星期，记录牙齿发生的变化或照一张照片。并把原有的溶液倒掉，换上同种的新鲜溶液。仍然把牙齿泡在溶液中。

10 当三颗或四颗牙齿已经能够看出被腐蚀的小洞时，就可以停止实验，进行总结了。

11 对数据进行分析和整理。

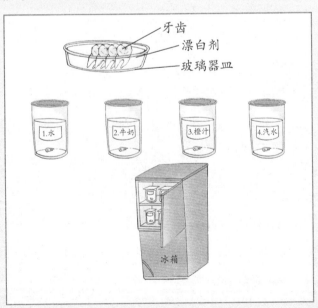

分析数据

我的实验数据显示：

① 仅过了一个星期，泡在汽水里的牙齿就出现了小洞。而泡在牛奶和橙汁里的牙齿是在二十个星期以后才有小洞出现的。而且，二十个星期以后，泡在汽水里的牙齿出现的小洞最多。

② 浸泡在水里的牙齿没有产生小洞，牙齿从水中取出来以后颜色也没有发生变化。

③ 浸泡在牛奶里的牙齿产生了一个小洞，牙齿上还有很多白色的斑点。

④ 浸泡在橙汁里的牙齿产生了一个小洞，牙齿从液体中取出之后萎缩并且变窄了，牙齿上形成了很多褐色斑点。

⑤ 浸泡在汽水里的牙齿总共产生了四个小洞，牙齿呈现出和汽水一样的颜色。

实验结论

我发现浸泡在汽水（碳酸饮料）里面的牙齿产生的小洞最多，这说明我的猜测是错误的。在所有的液体中，水对牙齿的腐蚀最小，汽水（碳酸饮料）最大。牙齿产生小洞数量分别是：四号四个，三号和二号一个，一号没有洞。为了让实验结果更有权威性，我应该用更多不同的溶液做更多的实验。

实验告诉我们什么？

我现在知道为什么人们应该尽量少喝碳酸饮料了。牙科医生应该给那些经常喝碳酸饮料但又不喜欢刷牙的人看看这个实验结果。

怎样做出结实的砖？

　　我做这个实验的目的是要搞清楚组成砖块的颗粒的粗细对砖块的结实程度有什么样的影响。我的猜测是：颗粒越小，砖就越结实。

为什么其他的砖我都能劈开，只有你……

是你的功夫不到家，况且我是一块特殊的砖。

课本里学不到的疯狂科学实验

· 实验方法 ·

用三种粗细不同的砂粒做三块砖，比较它们的结实程度。

注意：制砖时要用相同的调制方法，相同种类和数量的黏合剂，相同体积的砂粒，相同大小的容器作为制砖的模具。

实验材料

1. 4升的黏合剂
2. 长方形的容器（制砖用的模具）
3. 一个带有刻度、测体积用的测量容器
4. 纸（用来记录）
5. 20升的砂粒
6. 铅笔
7. 标准秤
8. 两张一样的桌子
9. 中孔、小孔砂网各一个

实验提示

要制作出相同尺寸的砖。

· 实验程序 ·

1. 备齐实验所需材料。
2. 将砂粒进行筛选，依次用中孔网、小孔网将砂分成三类。再用带刻度的容器分别测量每种的体积，并记录在纸上。

③ 将不同的砂分别用黏合剂黏合，放入制砖的模具中。

④ 静置四天，由此可制作三类砖各若干块。

⑤ 测试砖的强度：将一块砖的两头分别放在两张桌子上，中间悬空，然后在砖的中部逐渐加重物，直到砖断裂。再称量重物的重量，并记录。

⑥ 每种砖都重复2～7次上述测试。

⑦ 计算同一种砖断开时承受的平均重量。

⑧ 比较一下，看看哪种砖最结实。

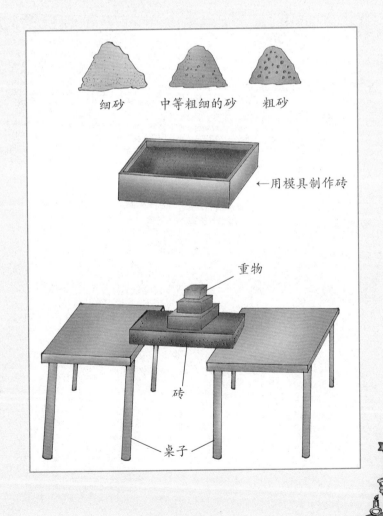

细砂　　中等粗细的砂　　粗砂

←用模具制作砖

重物

砖

桌子

分析数据

我的数据显示，在三次比较成功的实验中，用最细的砂粒做的砖，可以承受的最大重量平均值为9.6千克；用中等粗细的砂粒做的砖，可以承受的最大重量平均值为9.2千克；用最粗的砂粒做的砖，可以承受的最大重量平均值为7.5千克。

实验结论

我发现砖的砂粒越小，砖就越结实，所以我的猜测是正确的。几次实验，砂粒越细的砖，使其断裂就要用更大的重量，所以用细砂粒做的砖最结实；其次是用中等砂粒做的砖；最不结实的是用粗砂粒做的砖。但我的数据中有一次例外：一块用中等砂粒做的砖最大却能承受13.6千克的重量。这个数字不太符合我的实验结果。为了得到更准确的结果，我本应该做更多的测试，但是做砖用的模具太少了，我不能做出太多的砖，真是个遗憾。小朋友们可以自己去做一下，看看你做的砖结实吗？

在城市建设中，砖有着极其广泛的应用。我们研究砖的强度，可以知道怎样制作最结实的砖，从而建造安全的楼房。现在还有人在用自己制造的砖，他们的砖结实吗？建造的房子安全吗？我想，他们应该看一下我们的实验。

左边，右边

　　我的大多数朋友都是习惯用右手的。我的猜测是：习惯用右手的人也同样习惯用他们的右脚、右眼和右耳。同样，习惯用左手的人也同样习惯用他们的左脚、左眼和左耳。

你的眼睛、手、脚都是左边的大，而我恰恰相反，好奇怪！

实验方法

　　首先我要搞清楚我的朋友是习惯用右手，还是习惯用左手（见步骤A），然后测试他习惯用哪只脚（步骤B），再测试他习惯用哪只眼睛（步骤C）、哪只耳朵（步骤D）。

　　找15个习惯右手，15个习惯左手的朋友作为实验的志愿者。在我的实验中，要分别测试的是：习惯用右手（左手）的人，是否也习惯用他右边（左边）身体的其他部位（脚、眼睛和耳朵）。

实验程序

步骤A：右手还是左手

实验器材：一支笔，几张纸和剪刀，一个小球，筷子或勺子，一些食物，装有水的杯子。

实验1：让志愿者在纸上写出他（她）的名字，看他（她）用哪只手拿笔。

实验2：让志愿者用剪刀在纸上剪出一个圆圈，看他（她）用哪只手拿剪刀。

实验3：给志愿者一个小球，让他（她）把它扔出去，看他（她）用的是哪只手。

实验4：观察志愿者用哪只手拿筷子（勺子）吃东西。

实验5：观察志愿者用哪只手端杯子喝水。

步骤B：右脚还是左脚

实验器材：一个足球，几级楼梯，一枚硬币。

实验1：观察志愿者用哪只脚踢足球。

实验2：让志愿者站在一列楼梯前，面向楼梯，让他（她）登上楼梯的第一级，看他（她）先出哪只脚。

实验3：在地上扔一枚硬币，让志愿者去捡硬币，看他（她）先出哪只脚。

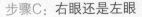

步骤C：右眼还是左眼

实验器材：把一张纸卷起来，做成中空的纸卷，再做一张中间有一个小洞的纸。

实验1：给志愿者一个中空的纸卷，看他（她）先用哪只眼睛透过纸卷去看。

实验2：把中间有小洞的那张纸给志愿者，让他（她）把纸放在面前，用双眼透过纸上的小洞看。然后让他（她）把纸逐渐向脸靠近，但仍然要用眼睛透过小洞看远处。最后，观察他（她）是用哪只眼睛看的。

步骤D：右耳还是左耳

实验器材：一个小盒子，里面装一些小东西。

实验1：对志愿者很小声地说话，观察他（她）用哪只耳朵朝向我，来听我的声音。

实验2：拿一个小盒子，让志愿者把它放到耳边，听盒子里的声音。观察他（她）用哪只耳朵听的。

分析数据

身体部位	习惯用右手的人同样习惯使用右边相应器官的比例	习惯用左手的人同样习惯使用左边相应器官的比例
脚	81%	29%
眼睛	71%	56%
耳朵	73%	44%

从我们的结果来看，习惯用右手的志愿者中，有81%的人习惯用右脚，有71%的人习惯用右眼，有73%的人习惯用右耳。

另外，在习惯用左手的志愿者中，只有29%的人习惯用左脚，而有56%的人习惯用左眼，44%的人习惯用左耳。

实验结论

我对实验结果的预测有一部分是正确的，因为习惯用右手的人也基本上习惯用右脚、右眼和右耳。至于习惯用左手的人，关于他们习惯用哪只脚、哪只眼睛和哪只耳朵，似乎没有什么规律。

但是，我的实验只是在一小部分人之间开展的（因为习惯左手的人太难找了），我最好在更大的范围内再做一次实验，以得到更有意义的结果。

为了做实验，我参考了许多不同的文献。对于形成使用左手或使用右手的习惯的原因还没有确切答案。对于他们习惯用哪只脚、哪只眼睛和哪只耳朵，就更不知道原因了。小朋友们如果有兴趣，可以观察一下你的亲戚朋友，在他们中间做一下这个实验。

左手写得快，还是右手写得快？

有人认为左撇子比较迟钝，但也有人指出，很多天才是习惯用左手的。事实真的是这样吗？我想做个实验来验证一下。我的实验是比较左手和右手的写字速度。我的猜测是：写字的速度和用哪只手写并没有直接关系。

实验方法

运用调查统计方法，研究左、右手的书写速度。

实验材料

1. 42 块秒表
2. 一篇文章，不需要太长，复印 42 份
3. 桌子和椅子
4. 纸和笔

实验提示

为了使测试结果尽量准确，要确保志愿者的写字条件一样（比如：桌子和椅子，纸和笔，抄写的内容，都要一样）。

实验程序

1. 在学校里找21个习惯用左手写字的人，再找21个习惯用右手写字的人作为实验的志愿者。
2. 每个人发一份同一文章的复印件。不过，先把复印件翻到背面，不要让他们看到文章的内容。
3. 再找42个同学来记时间。等大家都准备好后，说："开始！"志愿者们翻开纸，开始抄文章。同时，秒表启动。志愿者们要以他们最快的速度抄写，但是字迹一定要尽量工整。
4. 记录下每个人抄完文章所用的时间，填入表格。

探索与发现

实验数据

填写每个人完成时间的表格，""'""表示分钟，"""""表示秒（如：
5'59"表示5分钟59秒）。

左手	时间	右手	时间
左手同学 A	5'59"	右手同学 a	6'35"
左手同学 B	6'24"	右手同学 b	5'37"
左手同学 C	6'50"	右手同学 c	6'02"
左手同学 D	5'50"	右手同学 d	7'34"
左手同学 E	6'03"	右手同学 e	6'11"
左手同学 F	6'14"	右手同学 f	6'42"
左手同学 G	8'13"	右手同学 g	5'47"
左手同学 H	6'10"	右手同学 h	6'18"
左手同学 I	7'05"	右手同学 i	8'01"
左手同学 J	6'30"	右手同学 j	6'46"
左手同学 K	6'10"	右手同学 k	4'45"
左手同学 L	7'09"	右手同学 l	6'39"
左手同学 M	5'47"	右手同学 m	6'30"
左手同学 N	6'05"	右手同学 n	6'05"
左手同学 O	7'25"	右手同学 o	6'07"
左手同学 P	8'30"	右手同学 p	6'41"
左手同学 Q	7'34"	右手同学 q	5'18"
左手同学 R	6'42"	右手同学 r	10'02"
左手同学 S	7'01"	右手同学 s	9'56"
左手同学 T	6'58"	右手同学 t	9'56"
左手同学 U	5'48"	右手同学 u	10'14"

分析数据

从表格中可以看出：

1 只有1个人在5分钟内抄完了文章，他是用右手的。

2 14个用左手写字的人和14个用右手写字的人在5～7分钟内（不含7分钟）抄完了文章。

3 7个用左手写字的人花了7～9分钟，2个用右手写字的人花7～9分钟抄完了文章。

4 4个用右手写字的人用了超过9分钟的时间才抄完文章。

实验结论

我通过分析测试数据，发现用左手写字的人和用右手写字的人写字速度没有太大区别。通过实验，我认识到：用左手写字可以和用右手写得一样快，证实了我的猜测是正确的。

实验告诉我们什么?

我们没有必要，也没有理由阻止习惯使用左手的人，使用左手不是什么坏习惯。像我的实验显示的那样，用左手写字可以和用右手写得一样快。

有的家长担心孩子习惯用左手会给他们的学习和生活带来不便。我的实验结果可以帮助这些家长打消这种顾虑。用左手的孩子不比用右手的孩子差，他们用左手也可以很快地写字。

但是，我又想到了另一个问题：用左手写的字是否和用右手写的字一样工整呢？如有机会你可以观察一下，左手写出来的字是不是一定比右手写得差。

男女认知能力真的有别吗？

每一个正常人都有认字和辨认颜色的能力，男孩和女孩的这种能力完全一样吗？我的实验目的，就是要搞清楚男孩和女孩在认字速度和辨认颜色的快慢上有什么不同。我的猜测是：男孩和女孩在这两个方面有不同之处。

·实验方法·

通过对照实验，研究男、女生对文字和颜色的感知速度。

实验材料

1 一块秒表

2 一个笔记本（用于记录），一支铅笔

3 34张纸卡片

4 紫色水笔、绿色水笔、红色水笔、橘红色水笔、黄色水笔、蓝色水笔及黑色水笔各一支

·实验程序·

1 找10个男生和10个女生作为实验的志愿者。

2 17张卡片作为一组。在其中的16张上用黑色水笔写出以下16种颜色的名称，每张卡片上只写一种颜色。依次是：红、黄、蓝、橘红、绿、紫、红、黄、蓝、黄、蓝、红、绿、紫、橘红和绿。另外一张卡片上不写字，它是用来遮住其他16张卡片的。

3 剩下的17张卡片是第二组。用彩色的水笔在其中16张上写颜色的名称，同样，每张卡片上只写一种颜色，剩下一张卡片不写字。卡片上的颜色名称和用哪种颜色的笔写要依照表格的要求做。

颜色的名称	字的颜色	颜色的名称	字的颜色
红	黄	黄	红
黄	蓝	蓝	黄
蓝	红	红	蓝

续表

颜色的名称	字的颜色	颜色的名称	字的颜色
橘红	绿	绿	橘红
绿	紫	紫	绿
紫	橘红	橘红	紫
红	绿	绿	红
黄	紫		
蓝	橘红		

4 开始实验。我们一共要做三种测试：

第一种：让志愿者看用黑色水笔写的第一组卡片，让他们用最快速度读出卡片上所写的颜色的名称，读完为止，记录每个人所用的时间。

第二种：换第二组卡片，让志愿者以最快的速度读出卡片上字的颜色，而不是字本身。同样，记录每个人所用的时间。

第三种：还是第二组卡片，让志愿者以最快速度读出卡片上所写的颜色的名称，记录每个人所用的时间。

5 注意，要让每一位志愿者单独看卡片，让其他志愿者保持一段距离，使其不能看到卡片。在他们读卡片之前，用每一组中没有写字的那一张卡片遮住其他16张，我说"开始"，志愿者才拿开那张卡片，同时，我启动秒表。如果志愿者有什么地方读错了，一定要让他（她）改正后再继续。当他（她）读完时，立刻停表，并记录所用时间。绝对不允许同一个人重复实验，因为第二次就会因熟练而读得更快。

6 将男生和女生的测试结果分开，分别算出三种测试中男生和女生所用的平均时间，然后分析一下，看看是男生快，还是女生快。

红	黄	蓝	橘红	绿	紫	红	黄	蓝
黄	蓝	红	绿	紫	橘红	绿		
红	黄	蓝	橘红	绿	紫	红	黄	蓝
黄	蓝	红	绿	紫	橘红	绿		

分析数据

在第一种测试中，男生平均用了18.902秒，女生平均用了14.532秒，可以看出，女生比男生平均快4.37秒。

第二种测试中，男生平均用了24.240秒，女生平均用了20.636秒，女生平均快了3.604秒。

第三种测试中，男生平均用了20.082秒，女生平均用了13.922秒，女生平均快了6.16秒。

显然，不论哪一种测试，女生都比男生快。

我还发现，在第二种和第三种测试中，不论男生还是女生，认出字的颜色都比读出字本身要慢一些，这可能是大脑受到干扰的缘故。

实验结论

我证实了我的猜测，男孩和女孩在辨认颜色快慢和阅读文字速度方面是有不同的。在我的实验中，女孩在这两方面都比男孩要快。实验还告诉我们，不论男女，其阅读文字的速度都比辨认颜色的速度要快。

实验告诉我们什么？

这个实验可以帮助我们了解我们的大脑，并且认识到男性和女性的大脑是有一些不同的，而且这种不同是先天的。在学校，老师如果将男生和女生分开，用不同的方法来教他们，效果会不会比现在更好呢？

黑色
黄色

胡萝卜和洋葱怕酸雨吗？

　　胡萝卜和洋葱是两种蔬菜，我想知道酸雨对它们会造成什么样的影响。我把3小块胡萝卜分别放在15毫升、30毫升、45毫升的酸性溶液中，然后把3小块洋葱也分别放在同样的酸性溶液中。在接下来的24小时，我将观察这些酸性溶液对胡萝卜和洋葱小块分别有什么作用。我的猜测是：酸性溶液会使胡萝卜比洋葱产生更大的变化，并且，45毫升的酸性溶液使胡萝卜发生的变化最大。

只是几片乌云就把你吓成这样，它不是酸雨，不用害怕！

·实验方法·

观察胡萝卜和洋葱在酸性溶液中的生长情况。

实验材料

1. 配制好的酸性溶液（10%的硫酸溶液，pH值为2，用来模拟酸雨）
2. 胡萝卜，洋葱
3. 六张纸
4. 一副护目镜，两双橡胶手套（用来保护双手），一件做化学实验时穿的白大褂
5. 一块表，一把镊子，六个一样的烧杯
6. 准备一张记录数据的表格，一支笔

安全提示

使用硫酸溶液时需家长在场陪同，并帮忙操作。

·实验程序·

戴上你的护目镜，穿上白大褂，戴上橡胶手套，分别在两个烧杯中倒入15毫升酸性溶液，再往另外两个烧杯中分别倒入30毫升酸性溶液，最后再另取两个烧杯，分别倒入45毫升酸性溶液（倾倒溶液时一定要注意安全，动作要慢）。溶液倒完后，换一双手套，取出胡萝卜和洋葱。将胡萝卜切出三块大小一样的小块（大小要合适，不要太大，要能放入烧杯，但也不要太小，

不便于观察）。把每块放到一张纸上，给三张纸分别写上1号、2号和3号。1号纸上的胡萝卜块放入15毫升的溶液中，2号纸上的胡萝卜块放入30毫升的溶液中，3号纸上的胡萝卜则放入45毫升的溶液中。放完胡萝卜之后，也将洋葱切成三块大小一样的小块，同样放到三张分别标有1号、2号和3号的纸上。像胡萝卜一样，分别依次放入15毫升、30毫升、45毫升的酸性溶液中。

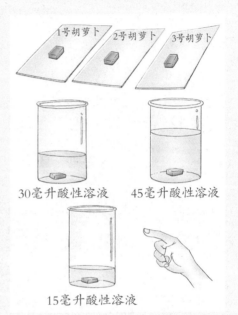

要求每一个烧杯的溶液中只有一块胡萝卜或者洋葱。放好后，等20分钟，让胡萝卜块和洋葱块充分吸收溶液。然后，用镊子将它们夹出来，放在它们刚才放过的纸上。记住，千万不要放错了。24小时以后，观察胡萝卜块和洋葱块表面的变化。

实验结论

经过观察，我发现洋葱块都没有什么明显的变化。在15毫升溶液里的洋葱块颜色没有任何改变，在30毫升和45毫升溶液中的洋葱块出现了一些轻微的棕色小斑点。三块洋葱块的表面都没有腐烂，没有小孔出现，大小也没有变化。但有趣的是，胡萝卜却发生了很大的变化。在15毫升和30毫升溶液中的两块胡萝卜的变化是：胡萝卜的橘红色褪色了，变成了黑色，体积都变大了约25%。在15毫升溶液中的胡萝卜块没有产生小孔；在30毫升溶液中的胡萝卜块有一个小孔，约6毫米深；在45毫升溶液中的胡萝卜块变化最大，不仅颜色变了，小块周围还有一些13毫米深的小孔，而且"长大了"近50%。

通过实验，我认为酸雨对胡萝卜和洋葱是有影响的，而且对胡萝卜的影响要比对洋葱大许多。实验证明我的猜测是正确的。事实上，在三种不同体积的酸性溶液中，胡萝卜发生的变化都比洋葱要明显，如褪色、产生小孔、体积变大。而且，酸性溶液体积越大，胡萝卜小块的变化也越大。我想，酸性液体对洋葱影响较不明显，可能是因为洋葱表面有保护层。

实验告诉我们什么？

这个实验可以帮助那些生活在酸雨严重地区的农民伯伯，告诉他们在酸雨环境中，种什么样的蔬菜比较合适（比如像洋葱那样表面有保护层的蔬菜）。

金字塔的"魔力"
是神话，还是现实？

金字塔有"魔力"吗？我想做一个小实验来验证一下。我的猜测是：放在金字塔里面的牛奶和放在外面的牛奶相比，会因为金字塔的"魔力"而不易变酸。

通过对照实验，研究"金字塔"内、外牛奶的保鲜情况。

实验材料

① 制作"金字塔"的软卡片纸

② 牛奶

③ pH 试纸

④ 四个干净的装牛奶的瓶子，要一样的，并且带有盖子

⑤ 记录用的表格和笔

实验提示

① 一定要保证四个瓶子里的牛奶是一样的。

② 开始实验时，牛奶的 pH 值都是 7。

③ 四个瓶子都要盖上盖子，然后才能开始实验。为了避免偶然性，实验要做两组，两组的条件是一样的。

· 实验程序 ·

① 准备好实验所需各种器材，再制作一张表格，记录实验数据。

② 制作两个一样的金字塔模型。底座是边长为30厘米的正方形，塔顶离地高度是22厘米，中间是空的。

③ 取一个瓶子，倒入15毫升牛奶，盖上盖子，取一个"金字塔"罩在这个

瓶子上。

4 在"塔"外面放一个完全一样的瓶子，倒入15毫升牛奶，盖上盖子。这就是第一组实验。

5 取另外一个"金字塔"和两个瓶子，按照第一组的实验步骤做第二组实验，两组要一模一样。

6 每天都用pH试纸检测各个瓶子里面牛奶的pH值。将检测的结果填入表格中，然后分析总结，看一看我的猜测是否正确。

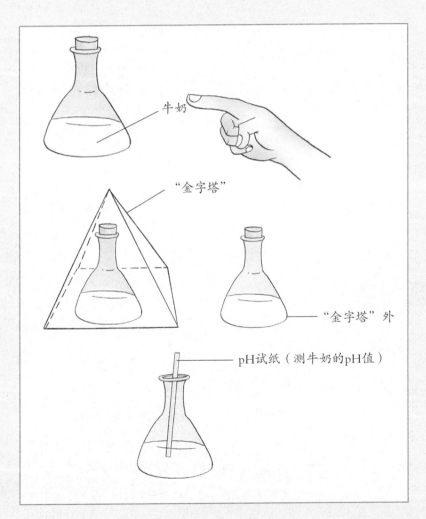

牛奶

"金字塔"

"金字塔"外

pH试纸（测牛奶的pH值）

实验数据

第一组实验：

天数	"金字塔"内牛奶的pH值	"金字塔"外牛奶的pH值
1	7	7
2	7	7
3	7	7
4	8	7
5	8	6
6	8	6
7	9	6

第二组实验：

天数	"金字塔"内牛奶的pH值	"金字塔"外牛奶的pH值
1	7	7
2	7	7
3	7	7
4	7	7
5	7	7
6	7	6
7	7	6

实验结论

　　到第七天，"金字塔"里的牛奶平均pH值是8，而在"金字塔"外面的牛奶的平均pH值是6。可见在"金字塔"外面的牛奶变酸了。这是因为牛奶里的细菌使牛奶发酵，生成了乳酸。但是，"金字塔"里面的牛奶却没有变酸，而是凝成乳状，变臭了。这真是一件奇怪的事。

　　"金字塔"的"魔力"使牛奶不容易变酸，这证实了我的观点。"金字塔"真的有"魔力"！像牛奶这样的食物，在"金字塔"里不会变酸，但为什么会变臭呢？我还不太明白，需要做进一步的研究。

噪声影响你的学习吗？

噪声令人烦恼，有时甚至会对身体造成伤害。马路上鸣笛的汽车、起飞的飞机、飞驰的火车，就连有些音乐都会让人心烦意乱。我很想知道，音乐声音过大会不会对学生的学习造成影响。我的猜测是：会有影响。

实验方法

研究环境噪声对记忆力的影响。我设计了一种测试，测试对象是班上的19位同学。我让他们在安静的环境中记忆一组英文单词，再让他们在噪声环境中记忆另一组英文单词，然后，我检查一下他们每个人在不同环境中记下了多少个单词。

实验材料

1 一个可以播放音乐的设备（比如手机）
2 一块手表
3 两张英文单词表，每张上面有 10 个单词
4 一张记录用的表格，纸和笔

实验提示

1 两张单词表上的单词要一样多，难度要相当（一定是没有学过的）。
2 给他们看单词表的时间要一样，均为 30 秒。
3 音响声音不要太小，太小没有效果；也不可太大，太大会受不了的（60 分贝就可以了）。
4 同学们写单词的时间要一样，均为 15 秒。

· 实验程序 ·

1　先备齐实验器材。让这19位同学坐在安静的教室里，把第一张英文单词表发给每位同学，让他们尽量记住单词表上的单词。

2　等同学们记30秒后，立刻将单词表收回。再给他们15秒的时间写下记住的单词。

3　将音响设备放到同学们面前，打开音响，播放摇滚音乐，调到较大的音量。给同学们第二张英文单词表，按上面的步骤，记录他们记住了多少个单词。

4　这样，我就可以检测他们在不同环境下的记忆能力，接下来是分析数据。

分析数据

同学们在不同环境下记住的单词数量见下表：

测试者	没有音乐的环境	有音乐的环境
同学 A	10	4
同学 B	8	2
同学 C	9	7
同学 D	7	2
同学 E	8	5
同学 F	10	6
同学 G	6	5
同学 H	9	4
同学 I	6	5
同学 J	9	6
同学 K	8	5
同学 L	7	6
同学 M	8	6
同学 N	6	7
同学 O	10	6
同学 P	10	8
同学 Q	4	6
同学 R	9	7
同学 S	8	9

表格里的数据告诉我，在安静的环境中，同学们平均记住了8个单词。在比较大声的摇滚音乐中，同学们平均记下了6个单词。看来，噪声会影响我们的记忆力，我的猜测是正确的。

实验告诉我们什么？

我们应该给那些经常听摇滚音乐的同学看这个实验结果，并告诉他们，声音太大会影响他们的记忆力，甚至造成鼓膜的永久性损伤。你也要尽量避免到噪声太大的地方去哦，安静的环境对我们的身心健康更有益。

颜色会影响你的心跳吗？

　　我想知道颜色会不会对人的心率有影响（心率就是1分钟内心跳的次数）。如果有影响，是加快心跳，还是减慢心跳呢？

　　我的猜测应该会有影响。当人们看到红色，心跳就会加快；看到橘红色和黄色也会使心跳加快；而看到蓝色、白色、银色和黑色则会使心跳减缓。

实验方法

为了实验，我需要8块涂有不同颜色的塑料板。分别是红色、蓝色、绿色、黄色、白色、黑色、银色和橘红色。塑料板大小为30厘米×40厘米。找至少20位同学作为志愿者。为了使实验结果更加准确，应该有一个内墙刷成白色的房间，里面有一张桌子和一把椅子。另外，我们还需要20张记录用的纸。

首先，把塑料板以固定的顺序，由下至上重叠放在桌子上。每次只叫一位同学进入房间。先不给他看塑料板，而是测定他平静状况下的心率。然后给他看第一张塑料板，让他看30秒后，测他在15秒内的心跳次数，把测得的数字乘以4，作为他此时的心率。换下一种颜色，同样让他看30秒，看完后立刻测他的心率。把所有的颜色都给他看，记录下他看了每一种颜色后的心率，就可以让他离开了。请下一位志愿者进入房间，进行同样的测试。

注意：给每位测试者看塑料板的颜色顺序要一样。

分析数据

    我的记录结果显示，志愿者们平静时的平均心率是80次/分，而橘红色、红色、绿色、黄色、白色、黑色和银色都能使其心率增加。橘红色使心率增加到平均87次/分，红色增加到平均85次/分，绿色增加到平均84次/分，黄色和白色增加到平均82次/分，黑色和银色增加到平均81次/分，只有蓝色使志愿者的心率降低了，降到平均79次/分。

实验结论

　　我发现蓝色能使人的心率降低，使人平静，而橘红色使人心率提高最多。其他颜色引起的心率变化都太小，不能说明太多问题。我本来认为应该是红色使心率提高最多，但我错了，事实上，橘红色使心率的提高要比红色多。但是，我判断蓝色能降低人的心率，这个猜测是正确的。

　　我认为，我的实验结果有广泛的用途。试想，如果让一个患有心脏病的病人尽量待在四周都是蓝色的环境里，对他的心脏应该会有很大的好处吧！一般来讲，一个人在一个橘红或红色的房间内运动，会使心跳增加得更快，这样也会燃烧更多的脂肪，看来，颜色还可以帮助减肥呢！我的研究结果也可以帮助那些天生不太好动或是天生过于好动的小朋友。把不太好动的小朋友请到一间橘红色的屋子里，他可能会活跃一点。而那些过于好动的小朋友，可以让他到蓝色的屋子里，他可能就会安静一些了。

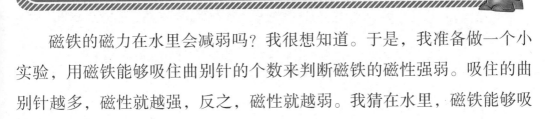

在水里，磁铁的磁力会减弱吗？

磁铁的磁力在水里会减弱吗？我很想知道。于是，我准备做一个小实验，用磁铁能够吸住曲别针的个数来判断磁铁的磁性强弱。吸住的曲别针越多，磁性就越强，反之，磁性就越弱。我猜在水里，磁铁能够吸住的曲别针的个数将比在空气中少。

· 实验方法 ·

通过对照实验，研究磁铁在空气和水中吸引曲别针的数量。

实验材料

① 一个容积为 5 升的水桶
② 约 4.5 升水
③ 一张记录数据的表格
④ 一块大小适中的磁铁（用线系在木棍上）
⑤ 20 枚曲别针

实验提示

① 在桶中没水和有水时，所用的磁铁应该是同一块。
② 每一次曲别针都是 20 枚，在桶底均匀摊开。
③ 每次用磁铁去吸引曲别针，都要将磁铁贴在曲别针上再拿起磁铁。
④ 桶中没水时做六次，有水时也做六次。

· 实验程序 ·

① 备齐实验所需器材。
② 桶里先不要倒水，在桶底是干燥的时候，把20枚曲别针放在桶底，要集中放在桶底的中央，但要均匀摊开。把磁铁放到曲别针的上面，紧贴曲别针，再拿起磁铁，数一下，一共吸住了多少枚曲别针。将结果记录在表格里。

③ 拿下磁铁上的曲别针，重新放到桶底，再用磁铁去吸引，重复这一过程总
共六次，将每一次磁铁吸住的曲别针的数量填入表格。

④ 在桶里倒入约4.5升水，仍将曲别针集中放在桶底，均匀摊开。与没有水
时一样，拿磁铁去吸曲别针，并记录被吸住的曲别针的数量。重复这一过
程总共六次，把每次被磁铁吸住的曲别针的数量填入表格。

实验数据

桶中没有水时，每次磁铁吸住的曲别针数量见下表：

实验次数	一	二	三	四	五	六
被吸住的曲别针数量（枚）	14	9	18	11	10	14

桶中有水时，每次磁铁吸住的曲别针数量见下表：

实验次数	一	二	三	四	五	六
被吸住的曲别针数量（枚）	17	9	6	9	10	13

实验结论

　　从表格中可以看出，桶中没有水时，平均每次磁铁能吸住12枚曲别针；而桶中有水时，平均每次就只能吸住10枚，比桶中没有水时少了2枚。可见，在水里，磁铁的磁性会减弱，证实了我的猜测。

水的温度会影响植物生长吗？

　　植物的生长需要水分，所以，养花的人每天都要给花浇水。我很想知道，如果给植物浇的水温度不同，对植物的生长会有什么样不同的影响。让我们来做一个小实验研究一下吧！我的猜测是：温度适中的水，会使植物长得最高、最壮。

·实验方法·

通过对照实验，研究黑麦草用不同温度的水浇灌时的生长情况。

实验材料

1. 一些黑麦草的种子（至少 100 粒）
2. 六个一样的花盆
3. 一把尺子
4. 一个浇水的喷壶
5. 一支温度计
6. 一些土壤
7. 水
8. 一支笔，一张表格

实验提示

1. 六个花盆中的土壤要一样，而且要一样多。
2. 每天给每个花盆浇的水要一样多，只是温度不同。温度要用温度计仔细测量。
3. 保证光线一样充足，环境湿度一样。

·实验程序·

① 备齐实验所需材料。

② 挑出90粒饱满的黑麦草种子，分成六份，每份15粒。每个花盆里装填一样多的土壤，撒下15粒种子。把撒了种子的花盆放在阳光下。

③ 每天下午四点钟，用喷壶给六个花盆里的种子浇水。注意，要先用温度计测量水温。给其中两个花盆浇30℃的水，给另外两个花盆浇45℃的水，给剩下的两个花盆浇55℃的水。

④ 每天给花盆里的种子浇水之后，过两个小时，测量每个花盆中黑麦草的高度，并记下每个花盆中的黑麦草有多少片叶子。注意，要测量每个花盆中间部分草的高度。

⑤ 花盆中的黑麦草都不再长高时，停止测量，开始分析数据。

喷壶

←给黑麦草浇水

尺子测量高度→

分析数据

水的温度（℃）	30	30	45	45	55	55
黑麦草的高度（厘米）	9.5	9.1	10.6	10.8	10.7	10.9
黑麦草叶子数量（片）	11	11	10	11	10	10

撒下种子那天算第一天，六个花盆中的黑麦草都是第五天开始发芽的。

总体来看，55℃水浇灌的黑麦草长得最高，平均10.8厘米，平均有10片叶子；45℃水浇灌的黑麦草高度其次，平均10.7厘米，平均有10.5片叶子；30℃水浇灌的黑麦草最矮，平均只有9.3厘米，却平均有11片叶子。

所有的黑麦草都是健康生长的，没有生病，也没有长虫子。

实验结论

用55℃水浇的黑麦草长得最高，这与我的猜测不一致，看来，我的猜测是错误的。但是，55℃水和45℃水浇的草，平均高度只差1毫米，这会不会是偶然呢？不过，用30℃水浇的草却要矮很多。另外，黑麦草叶子的数量都很接近。实验告诉我们，在30～55℃范围内，温度高的水，可以使植物生长得更高。但是，千万不要用温度过高的水去浇植物，否则，爷爷奶奶那些可爱的花儿就要被烫死了。

想一想

我们的实验用的是黑麦草做研究对象，结果是55℃的水浇的黑麦草比45℃的水浇的长得高，但相差很小。如果我们用其他的植物做实验，结果又会怎样呢？

如果有兴趣，你可以用其他植物做一下这个实验。

看电视真的损害视力吗？

　　老师和家长常说要少看电视，看电视时要离得远一点儿，因为看电视会损害视力，真的是这样吗？我很想知道。现在，我要做一个实验，来搞清楚看电视对视力究竟有没有影响。我的猜测是：看电视不会对视力造成影响。

不知道为什么在我变薄之后，你的眼镜却越来越厚，是不是太"关注"我了？

· 实验方法 ·

我调查了100个学生，他们的年龄都在12岁到13岁。其中50个人是近视眼，要戴眼镜，另外50个人不近视，不戴眼镜。

先了解他们看电视的情况，再制作一张表格，将了解的情况填入表格。分析一下，看看会有什么发现。

分析数据

我了解到的情况见下表：

测试者的年龄（岁）	眼睛状况	每天看电视时间（时）	测试者的年龄（岁）	眼睛状况	每天看电视时间（时）
12	近视眼	1	13	不近视	1
12	近视眼	0	12	不近视	2
12	近视眼	4	12	不近视	0
13	近视眼	2	12	不近视	0
13	近视眼	3	13	不近视	1
13	近视眼	0.5	13	不近视	1
12	近视眼	2	13	不近视	3
12	近视眼	4	13	不近视	1
12	近视眼	3.5	13	不近视	3
12	近视眼	2	13	不近视	1
12	近视眼	0.5	13	不近视	1
13	近视眼	2	13	不近视	1
13	近视眼	0	13	不近视	0
13	近视眼	1	13	不近视	1
13	近视眼	2.5	13	不近视	0
13	近视眼	1	13	不近视	0.5
13	近视眼	2.5	13	不近视	1
13	近视眼	1	13	不近视	0.5
13	近视眼	0.5	13	不近视	0.5

续表

测试者的年龄（岁）	眼睛状况	每天看电视时间（时）	测试者的年龄（岁）	眼睛状况	每天看电视时间（时）
12	近视眼	1	13	不近视	0.5
12	近视眼	1.5	12	不近视	0.5
12	近视眼	2.5	12	不近视	1
13	近视眼	1	12	不近视	0.5
12	近视眼	1	13	不近视	1
13	近视眼	3.5	12	不近视	1
12	近视眼	3.5	13	不近视	0.5
13	近视眼	0.5	13	不近视	0
12	近视眼	3	12	不近视	1
12	近视眼	2.5	12	不近视	0
12	近视眼	2.5	13	不近视	0.5
13	近视眼	0.5	12	不近视	0
12	近视眼	1	12	不近视	0.5
12	近视眼	0	13	不近视	1
12	近视眼	4	12	不近视	0
13	近视眼	2	13	不近视	1
13	近视眼	2	13	不近视	1
13	近视眼	0.5	13	不近视	1
13	近视眼	3	12	不近视	1
12	近视眼	2	12	不近视	1
12	近视眼	1.5	12	不近视	2
13	近视眼	2	12	不近视	1
12	近视眼	0.5	13	不近视	1
13	近视眼	1	13	不近视	1
12	近视眼	1.5	12	不近视	0
13	近视眼	3	12	不近视	1
12	近视眼	2	12	不近视	0
12	近视眼	2	12	不近视	0
12	近视眼	0.5	12	不近视	1
13	近视眼	0.5	13	不近视	0.5
12	近视眼	1.5	12	不近视	0

经过计算，近视的人平均每天看电视1小时44分钟；不近视的人平均每天看电视47分钟。另外，近视的人有50%每天看电视超过2小时，不近视的人只有8%每天看电视超过2小时。还有，近视的人中只有6%是不看电视的，而在不近视的人中，有24%是不看电视的。

实验结论

实验的结果告诉我，近视的人看电视时间确实是比较多的。看来，我的猜测是错误的。看电视的确对视力有影响，会使你的眼睛容易近视。但是，我的实验结果不一定准确，在我调查的50个近视的人中，他们的近视不一定都是看电视过多造成的，也可能是由于遗传、不良的看书姿势等原因。我想，为了得到尽可能准确的结论，我应该去调查更多的人，包括各年龄段的人。如果那样，我的结论会是什么样的呢？可以自己去做一下调查，看看结论是什么。

实验告诉我们什么?

从实验中，我知道了应该少看电视来保护双眼。那些喜欢在电视机前一坐就是几个小时的人也应该看看我的实验结论，他们就会知道看电视过多会对视力造成不良影响，希望他们能改变这个习惯。当所有的人都知道看电视更容易近视后，可能会更加慎重地对待看电视这件事，这样，近视的人可能会少一些。

是清水结冰快，还是盐水结冰快？

一杯清水，一杯盐水，哪杯水更容易结冰呢？为了搞清楚这个问题，我做了一个实验。我的猜测是：清水要比盐水更快结冰。

·实验方法·

通过对照实验，研究相同温度的清水和盐水结冰的快慢。

实验材料

1 冰箱
2 清水
3 盐
4 一个带刻度的量筒
5 六只相同的不锈钢杯子

6 一根牙签
7 一把小勺
8 一块手表
9 几张纸（做标签用）
10 一支笔

·实验程序·

1 备齐实验所需器材。

2 往六只不锈钢杯子里面倒入相同体积的清水（用带刻度的量筒测量，保证每只杯子中的水一样多）。

3 取出其中三只杯子，在每只杯子外面贴一张纸做的标签，上面分别写上"清水A""清水B"和"清水C"。

4 在剩下的三只杯子里都加一勺盐。注意，要一样多的盐，搅拌，使盐完全溶解在水中。然后，在每只杯子外面贴上标签，分别写上"盐水A""盐水B"和"盐水C"。

⑤ 把六只杯子都放进同一个冰箱的冷冻室，一只挨一只地放好。

⑥ 杯子放进冰箱后，每过5分钟，检查一下是否有结冰现象。检查时，拿牙签戳杯子里的水，如果戳不动，就说明结冰了。

⑦ 记录下每只杯子里的液体结冰的时间。

分析数据

杯子	清水A	清水B	清水C	盐水A	盐水B	盐水C
结冰时间（分）	180	175	175	240	265	365

从表中的数据可以看出，清水结冰平均要用176.7分钟，而盐水结冰平均要用290分钟。可见，清水要比盐水更快结冰。并且，三杯清水结冰的时间相差不大，但三杯盐水结冰的时间相差却很大。

> **实验结论**
>
> 　　实验证明了我的猜测是正确的，清水的确要比盐水更快结冰。

实验告诉我们什么？

　　现在，我知道了盐水比清水结冰要困难一些。冬天，人们往墨汁里加盐，就是为了让墨汁不易结冰，更方便书写。另外，北方冬天天气寒冷，下雪之后马路上容易结冰，车在马路上行驶就容易发生事故。为了避免这种情况，下雪后环卫工人就会在马路上大量撒盐，避免结冰，行车也就更安全啦！

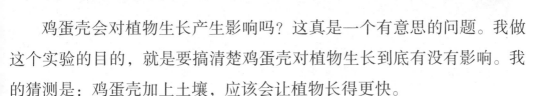

鸡蛋壳可以使植物生长得更快吗？

　　鸡蛋壳会对植物生长产生影响吗？这真是一个有意思的问题。我做这个实验的目的，就是要搞清楚鸡蛋壳对植物生长到底有没有影响。我的猜测是：鸡蛋壳加上土壤，应该会让植物长得更快。

不要轻视鸡蛋壳的作用，有了它才会使我长得如此帅气！

·实验方法·

通过三组对照实验，研究鸡蛋壳对植物生长的影响。

实验材料

1. 六个一样的花盆
2. 12 株一样大小的健康的西红柿幼苗
3. 12 株一样大小的健康的香蕉幼苗
4. 一把尺子
5. 水、土壤
6. 一张作记录的表格
7. 一支笔
8. 一堆鸡蛋壳

·实验程序·

1. 先备齐实验器材。取两个花盆，在每个花盆里放一些土壤（只放土壤）。在其中一个花盆里种四株西红柿幼苗，在另一个花盆里种四株香蕉幼苗。
2. 再取两个花盆，在每个花盆里放一些鸡蛋壳（只放鸡蛋壳）。在其中一个花盆里种四株西红柿幼苗，在另一个花盆里种四株香蕉幼苗。
3. 在剩下的两个花盆里，每个花盆里放一些土壤和鸡蛋壳的混合物。在其中一个花盆里种四株西红柿幼苗，在另一个花盆里种四株香蕉幼苗。注意，要尽量同时种下这24株幼苗，并且每个花盆里的土壤、鸡蛋壳，或是两者的混合物的体积要一样。

4 把六个花盆放到光线较好的地方，保证它们所处环境的温度、湿度、光线条件都要一样，每天给它们浇一样多的水。

5 从种下幼苗的那一天开始，每天用尺子测量幼苗的高度，到第14天，看看每个花盆中的幼苗长高了多少，并填写在表格中。

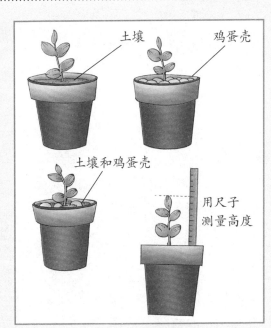

实验数据

14天后，不同条件下的西红柿幼苗的生长情况：

在鸡蛋壳中	死了	死了	死了	死了
在土壤中	2.6厘米	2.7厘米	3.0厘米	2.8厘米
在鸡蛋壳和土壤的混合物中	4.3厘米	4.3厘米	4.2厘米	4.2厘米

14天后，不同条件下的香蕉幼苗的生长情况：

在鸡蛋壳中	2.3厘米	2.7厘米	2.9厘米	3.2厘米
在土壤中	3.5厘米	3.7厘米	3.6厘米	3.4厘米
在鸡蛋壳和土壤的混合物中	4.9厘米	4.9厘米	5.0厘米	5.0厘米

实验结论

　　表格中的数据告诉我，鸡蛋壳是可以促进植物生长的。无论是西红柿幼苗还是香蕉幼苗，在土壤和鸡蛋壳的混合物中都要长得更高一些，这证明了我的猜测。但是，只有鸡蛋壳没有土壤却是不行的，植物不仅长得不高，还有可能死亡。在只有鸡蛋壳的花盆里，四株西红柿全部死了，鸡蛋壳中的香蕉幼苗也长得很矮。另外，每天测量各个花盆中幼苗的高度，结果显示：刚开始时，土壤和鸡蛋壳的混合物中的幼苗与土壤中的幼苗生长速度是一样的，但是后来，土壤和鸡蛋壳的混合物中的幼苗就要长得更快一些了。看来，下次自己种花的时候，应该在土壤中加一些鸡蛋壳。

　　我应该把实验结果告诉农民叔叔，这样，他们的西红柿和香蕉就可以长得更快啦！

想一想

　　我的实验只是测试了鸡蛋壳能否促进西红柿和香蕉的生长。那么，鸡蛋壳可以促进其他植物生长吗？你可以找一些其他植物的幼苗做一下这个实验，看看是什么结果。

一只眼好，还是两只眼好？

我们每个人都有两只眼睛，两只眼睛和一只眼睛相比有什么好处呢？这就是我的实验要搞清楚的问题。我的猜测是：两只眼睛看东西时，应该能更准确地判断物体的方位和距离。

认识你三年了，每次捉我时你都撞上别的东西，真会逗我开心呀！

· 实验方法 ·

通过对照实验，研究使用单眼投篮和双眼投篮的差异。

实验材料

① 一只篮球，一个篮球架（球筐要完好的）

② 一副眼罩（像动画片中"独眼龙"戴的那种）

③ 一张记录数据的表格，一支笔

实验提示

每个人都用同一个篮球投篮，使用同一个篮筐，每个人都站在罚球线上投篮，一个人投完了另一个人再投。

· 实验程序 ·

① 先备齐实验器材。找十位投篮技术很好的同学。考虑到实验时间，可以分三批进行。

② 让他们依次站在罚球线上投篮。先不戴眼罩，每人投篮30次，记录每个人投中的次数。

③ 让他们用眼罩遮住右眼，然后依次站在罚球线上投篮。每人投篮30次，记录每个人投中的次数。

④ 再让他们用眼罩遮住左眼，每个人也依次站在罚球线上投篮。每人投篮30次，记录每个人投中的次数。

分析数据

在用双眼、只用左眼、只用右眼的情况下，每个人投中的次数见下表：

受试者	双眼投篮（次）	左眼投篮（次）	右眼投篮（次）
同学A	22	10	12
同学B	27	11	14
同学C	27	10	15
同学D	28	10	14
同学E	25	12	12
同学F	29	9	9
同学G	24	8	8

续表

受试者	双眼投篮（次）	左眼投篮（次）	右眼投篮（次）
同学H	26	5	10
同学I	21	7	11
同学J	23	10	8
命中百分比	84%	31%	38%

用双眼时，十位同学平均命中率为84%；只用左眼时，平均命中率为31%；只用右眼时，平均命中率为38%。很明显，用双眼投篮比只用一只眼要准确得多。

实验结论

实验过程中，在一只眼被遮住的情况下，所有人都不容易把球投中。而用双眼时，投篮准确率却高达84%。这是因为，只用一只眼睛时，人是没法准确判断篮筐的确切方位和距离的。看来，还是两只眼睛更好一些。

玩电子游戏会使心跳加快吗？

电子游戏是当前非常流行的一种娱乐方式。从小学生到成年人，每个年龄段中都有电子游戏迷。我做这个实验的目的，是要搞清楚玩电子游戏会不会对人的心率产生影响（心率就是1分钟的心跳次数）。我的猜测是：有影响。

· 实验方法 ·

通过对照实验，研究电子游戏对"玩家"心率的影响。

实验材料

1 一台游戏机，一个比较激烈的游戏

2 一块手表

3 一张记录用的表格，一支笔

实验提示

给每个人玩电子游戏的时间要一样，均为 5 分钟，每个人玩的游戏也要一样。当一个志愿者玩完游戏后，要立刻测量其心率。

· 实验程序 ·

1 先备齐实验器材。找4个年龄为8~13岁的未成年人，4个年龄为36~48岁的成年人，作为我们实验的志愿者。

2 在他们安静休息时，测一下他们每个人的心率。测量时，用食指和中指按住他们的手腕，摸到有脉搏跳动的地方，看着手表，数1分钟内心跳的次数，将结果填入表格。

3 让一个未成年人玩5分钟的电子游戏，5分钟后，立刻测量他的心率，休息5分钟，再次测量他的心率，把结果记下来。

4 按同样的步骤，测量一下其他3个未成年人和4个成年人刚玩完电子游戏时的心率，以及休息5分钟后的心率，并记下来。

分析数据

每个人安静休息时的心率、刚玩完电子游戏时的心率、休息5分钟后的心率，见下表：

受试者	未成年人A	未成年人B	未成年人C	未成年人D	成年人A	成年人B	成年人C	成年人D
安静休息时的心率（次/分）	92	90	73	76	75	80	82	84
刚玩完电子游戏时的心率（次/分）	92	95	75	78	82	80	83	87
休息5分钟后的心率（次/分）	96	90	74	75	76	80	84	86

对于未成年人，安静休息时，平均心率是82.75次/分；刚玩完电子游戏时，平均心率是85次/分；休息5分钟后的平均心率是83.75次/分。

对于成年人，安静休息时，平均心率是80.25次/分；刚玩完电子游戏时，平均心率是83次/分；休息5分钟后的平均心率是81.5次/分。

实验结论

可以看出，在刚玩完电子游戏时，未成年人的心率平均升高了2.25次/分，成年人的心率平均升高了2.75次/分。可见，玩电子游戏会使人的心率加快，证明了我的猜测是正确的。

玩电子游戏也有一些好处。比如，它可以增强我们的手眼协调能力，开发我们的智力。另外，玩电子游戏有时也可以作为治疗手段。比如，有的人手受了伤，手的运动协调能力下降了，玩电子游戏可以当作一种恢复的治疗方法。还有一些人，脑部受了外伤，大脑有些部位变得迟钝，玩电子游戏可以增加对他们大脑这些部位的刺激，从而使大脑更快地恢复。但是，由于玩电子游戏会加快人的心跳，所以心脏病患者最好少玩电子游戏。

想一想

电子游戏有很多种类，像格斗、枪战、角色扮演、战略等。有的游戏很刺激，有的就要平和一些。那么，不同类型的游戏对心率的影响程度一样吗？小朋友们，做个实验去寻找答案吧！

哪种金属导热更快？

　　用手拿住金属丝的一端，另一端放到火上烧，不一会儿，金属丝就会很烫，这是因为金属能够导热。那么，所有的金属导热一样快吗？我做这个实验的目的，就是要搞清楚这个问题。铜、铝、不锈钢，谁导热更快，导热性能更好呢？我猜应该是铜。

81

实验方法

　　通过对照实验，研究铜丝、不锈钢丝和铝丝的导热情况。

实验材料

1 三根铜丝，三根不锈钢丝，三根铝丝（直径都是3毫米，长度都是10厘米）

2 跳棋的珠子，几根蜡烛

3 一根细铁丝，一根竹筷

4 一盒火柴或一个打火机

5 记录数据的表格，一支笔

6 一些半干半湿的泥巴

7 一块秒表

实验提示

1 三根铜丝，三根不锈钢丝，三根铝丝都要一样长、一样粗。

2 金属丝穿入蜡烛小球的深度要一样，均为0.5厘米。

3 蜡烛烧金属丝的部位也要一样。

4 在同样的温度条件下做这个实验。

实验程序

1 备齐实验器材。

2 用泥巴做一个长方体，然后用跳棋的珠子在泥巴上按一个洞，等泥巴干了以后，就留下了一个球形的凹洞。用火柴点燃蜡烛，把蜡油滴进凹洞，待蜡油填满凹洞为止。蜡油干了以后，取出来，就是一个蜡烛小球了。一共要做九个这样的蜡烛小球。

③ 先用铜丝做实验。取一根铜丝和一个蜡烛小球，把蜡烛小球插在铜丝的一端（插进蜡烛小球的铜丝控制在0.5厘米左右）。用细铁丝和竹筷固定铜丝。把蜡烛放在铜丝的另一端，点燃蜡烛（火刚好烧到铜丝的末端），同

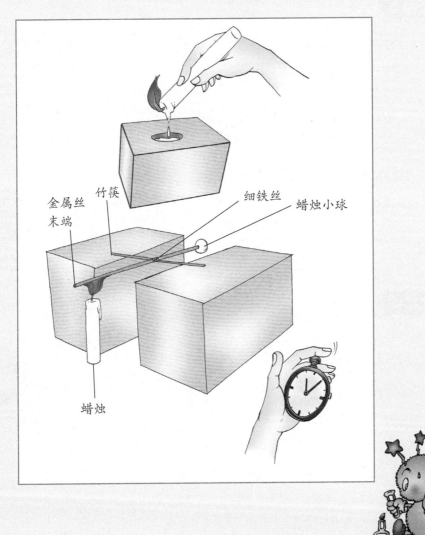

金属丝
末端

竹筷

细铁丝

蜡烛小球

蜡烛

时启动秒表。一边观察蜡烛小球，一边看表，记录从开始烧铜丝到小球完全熔化并从铜丝上脱落的时间，填在表格里。

④ 用另外两根铜丝重复上述实验步骤。

⑤ 再分别对三根不锈钢丝和三根铝丝做同样的实验，将结果填入表格中。

分析数据

九根金属丝上的蜡烛小球完全熔化，并从金属丝上脱落所用的时间见下表：

金属丝	铜丝	铜丝	铜丝	不锈钢丝	不锈钢丝	不锈钢丝	铝丝	铝丝	铝丝
时间（秒）	5.6	3.8	4.8	9.4	6.3	16	9	7.9	9.3

表中数据显示，从用火烧金属丝到蜡烛小球熔化脱落，铜丝用的平均时间是4.73秒，不锈钢丝是10.57秒，而铝丝是8.73秒。

实验结论

根据数据，铜丝上的蜡烛小球熔化脱落得最快，铝丝上的蜡烛小球其次，不锈钢丝上的蜡烛小球最慢。这说明铜丝的导热性能最好，铝丝的导热性能其次，不锈钢丝最差。

动物身体里的水

所有生物的身体中最重要的物质就是水，你的身体里大部分是水，小草身体的主要成分也是水。

动物的身体里也含有很多水，蚯蚓是一种常见的小动物，它的身体里就含有许多水。大雨过后，蚯蚓从它们的洞穴里爬出来寻找干燥的地方。有时候你会在路边发现它们。

我的身体里大部分都是水，没有太多的肉，请你放过我吧！

实验方法

动物身体里的水。

搜集资料

到图书馆或上网查找相关资料：动物、水、蚯蚓。

提出假说

动物的身体里含有很多水。

实验材料

1. 大雨后捉到的几条蚯蚓
2. 一个玻璃杯子
3. 一架天平
4. 几张餐巾纸

安全提示

在户外收集蚯蚓时要注意安全。

实验提示

动物的身体里含有很多水。蚯蚓是一种常见的小动物，它的身体里也含有许多水。大雨过后，我们收集一些蚯蚓，称出其质量。待它们死了变硬、变干后再称其质量。计算一下蚯蚓身体里的含水量。

实验程序

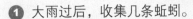

① 大雨过后，收集几条蚯蚓。

② 用餐巾纸将它们弄干净，称出它们的质量。

③ 待它们死后变硬、变干了，再称出它们的质量，并记录下来。

④ 比较两次质量的差。计算蚯蚓失去水分的质量。

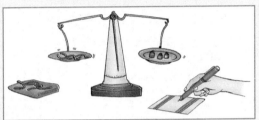

·实验数据·

实验处理	刚收集时的蚯蚓	变干后的蚯蚓
蚯蚓的质量（克）		

分析讨论

❶ 为什么在大雨过后收集蚯蚓的效果好？

❷ 为什么要待蚯蚓变干、变硬再称它们的质量？

❸ 为什么两次称的质量不一样？

发散思考

❶ 除了蚯蚓，毛毛虫身体中也有水吗？

❷ 你知道哪些动物身体中水占的比例特别大吗？

实验告诉我们什么？

　　水分约占人体总重的76%，就连那坚硬的骨头里，水分还占了约20%呢。身体里的水分有些是我们熟悉的，如血浆、淋巴液、组织液中的水分。这些水分都是和无机盐在一起的，并形成一定的渗透压，靠它们组成了身体里的"海洋"，构成了机体内环境的基础。细胞生活在这个"海洋"中是安定和舒适的，氧气和各种养料溶解在水中（也只能溶解在水中）被送到身体各处，为组织细胞所利用。身体自身制造的各种激素，也要通过血液循环送到需要的地方，而细胞在新陈代谢过程中产生的一些废物、废气，也靠着血液循环带出体外。所以，水是身体进行生命活动的基础，离开了水，血液将是干巴巴的，无法流动；细胞干瘪，丧失机能；养料、氧气运不进去，废物、废气堆积，身体完全陷于瘫痪。可见，水对生命具有举足轻重的作用。

你研究过身边的小溪吗？

大多数植物和动物的健康成长都依赖干净的水。干净的小溪可以让大量动植物生长。被化学物质和有机物质污染的水仅适于个别动植物的生长。如果污染严重，溪水甚至能杀死其中所有的生物。

科学家通过下面几种途径来考察小溪的质量：①观察小溪周围动植物栖息地的情况；②测试水中一些特殊污染物的含量；③统计目前存有的动植物种类。

一般来说，干净的小溪pH值大约为7，清洁度好，温度低于20℃。所含硝酸的浓度应低于百万分之一，所含磷酸的浓度应低于百万分之零点零三。

自从采取了污水处理措施，这里的环境好多了，我们就在这里定居吧！

好极了！

实验方法

观察小溪。

实验材料

1. 铅笔
2. 写字板
3. pH试纸（可到化学试剂店购买或者请老师提供）
4. 测硝酸和磷酸浓度的配套仪器（可到化学试剂店购买或者请老师提供）
5. 温度计
6. 透明塑料杯
7. 橡胶靴
8. 当地水生动植物手册

搜集资料

到图书馆或上网查找相关资料：溪流、水的污染。

安全提示

取水样时要小心，防止失足落水。

实验提示

我们将从三个途径来观察小溪的质量：①观察小溪周围总的自然条件、小溪的底质层、小溪周围的陆地情况、溪水有无异味等；②测试水的温度、pH值、清洁度、硝酸的浓度、磷酸的浓度等；③统计水里的动植物种类、周围陆地的动植物种类等。

这个活动最好与几个同学一起完成。

·实验程序·

1. 与几个同学合作，将同学们分成三组，并且将下面的表格复印后发给每一组。

2. 安排第一组的同学负责做一些视觉上的观察，填好表格里的第一类参数。第二组的同学负责做一些化学检测，填好表格里的第二类参数。第三组的同学负责记录动植物的种类，填好表格里的第三类参数。

3. 安排同学们到小溪的某一水域旁，根据安排进行实验活动。也可以到小溪不同的水域段，看看其水质是否一样？

·实验数据·

观察小溪

	特 征	记 录
自然参数	总的自然条件	
	小溪的底质层	
	小溪周围的陆地情况	
	溪水有无异味	
化学参数	温度	
	pH值	
	清洁度	
	硝酸的浓度	
	磷酸的浓度	

续表

	特 征	记 录
生物参数	水里的动植物种类	
	周围陆地的动植物种类	

分析讨论

❶ 科学家通常从哪些途径来观察小溪的质量？

❷ 从化学的角度，通常从哪些方面来测试水的污染情况？

❸ 从生物学的角度，通常从哪些方面来观察小溪的质量？

发散思考

❶ 你认为应该从哪些方面来研究小溪的质量？

❷ 你家乡的小溪的质量如何？